大连古建筑测绘十书

横山书院·永丰塔

王丹 吴晓东 邵明 著

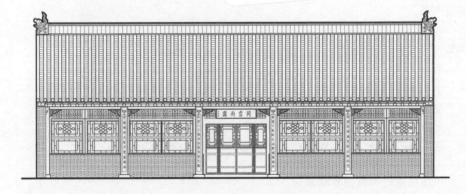

中国建筑既是延续了两千余年的一种工程技术，本身已造成一个艺术系统，许多建筑物便是我们文化的表现、艺术的大宗遗产。

—— 梁思成

江苏凤凰科学技术出版社

图书在版编目（CIP）数据

大连古建筑测绘十书. 横山书院·永丰塔 / 王丹，
吴晓东，邵明著. -- 南京：江苏凤凰科学技术出版社，
2016.5
　ISBN 978-7-5537-5707-0

　Ⅰ．①大… Ⅱ．①王… ②吴… ③邵… Ⅲ．①书院－
古建筑－建筑测量－大连市－图集②古塔－建筑测量－大
连市－图集 Ⅳ．①TU198-64

中国版本图书馆CIP数据核字(2016)第279526号

大连古建筑测绘十书

横山书院·永丰塔

著　　　者	王 丹　吴晓东　邵 明	
项 目 策 划	凤凰空间/郑亚男　张 群	
责 任 编 辑	刘屹立	
特 约 编 辑	张 群　李皓男　周 舟　丁 兴	

出 版 发 行	凤凰出版传媒股份有限公司
	江苏凤凰科学技术出版社
出版社地址	南京市湖南路1号A楼，邮编：210009
出版社网址	http://www.pspress.cn
总 经 销	天津凤凰空间文化传媒有限公司
总经销网址	http://www.ifengspace.cn
经 　 销	全国新华书店
印 　 刷	北京盛通印刷股份有限公司

开 　 本	965 mm×1270 mm 1／16
印 　 张	4
插 　 页	1
字 　 数	34 000
版 　 次	2016年5月第1版
印 　 次	2023年3月第2次印刷

标 准 书 号	ISBN 978-7-5537-5707-0
定 　 价	78.80元

图书如有印装质量问题，可随时向销售部调换（电话：022-87893668）。

图书总序

我在大连理工大学建筑与艺术学院兼职数年，看到建筑系一群年轻教师在胡文荟教授的带领下，对中国传统建筑文化研究热情高涨，奋力前行，很是令人感动。去年，我欣喜地看到了他们研究团队对辽南古建筑研究的成果，深感欣慰的同时，觉得很有必要向大家介绍一下他们的工作并谈一下我的看法。

这套丛书通过对辽南10余处古建筑的测绘、分析与解读，从一个侧面传达了我国不同地域传统建筑文化的传承与演进的独有的特色，以及我国传统文化在建筑中的体现与价值。

中国古代建筑具有悠久的历史传统和光辉的成就，无论是在庙宇、宫室、民居建筑及园林，还是在建筑空间、艺术处理与材料结构的等方面，都对人类有着卓越的创造与贡献，形成了有别于西方建筑的特殊风貌，在人类建筑史上占有重要的地位。

自近代以来，中国文化开始了艰难的转变过程。从传统社会向现代社会的转变，也是首先从文化的转变开始的。如果说中国传统文化的历史脉络和演变轨迹较为清晰的话，那么，近代以来的转变就似乎显得非常复杂。在近代以前，中国和西方的城市及建筑无疑遵循着不同的发展道路，不仅形成了各自的文化制式，而且也形成了各自的城市和建筑风格。

近代以来，随着西方列强的侵入以及建筑文化的深入影响，开始对中国产生日益强大的影响。长期以来，认为西方城市建筑是正统历史传统，东方建筑是非正统历史传统这一"西方中心说"的观点存在于世界建筑史研究领域中。在弗莱彻尔的《比较建筑史》上印有一幅插图——"建筑之树"，罗马、希腊、罗蔓式是树的中心主干，欧美一些国家哥特式建筑、文艺复兴建筑和近代建筑是上端的6根主分枝。而摆在下面一些纤弱的幼枝是印度、墨西哥、埃及、亚述及中国等，极为形象地表达了作者的建筑"西方中心说"思想。今天，建筑文化的特质与地域性越发引起人们的重视。中国的城市与建筑无论古代还是近代与当代，都被认为是在特定的环境空间中产生的文化现象，其复杂性、丰富性以及特殊意义和价值已经令所有研究者无法回避了。

在理论层面上开拓一条中国建筑的发展之路就是对中国传统建筑文化的研究。

建筑文化应该是批判与实践并重的，因为它不局限于解释各种建筑文化现象，而是要为建筑文化的发展提供价值导向。要提供价值选向，先要做出正确的价值评判，所以必须树立一种正确的价值观。这套丛书也是在此方面做出了相当的努力。当然得承认，传统文化可能是也一柄多刃剑。一方面，传统文化也可能成为一副沉重的十字架，限制我们的创造潜能；而另一面，任何传统文化都受历史的局限，都可能是糟粕与精华并存，即便是精华，也往往离不开具体的时空条件。与此同时又可以成为智慧的源泉，一座丰富的宝库，它扩大我们的思维，激发我们的想象。

中国传统文化博大精深，建筑文化更是同样。这套书的核心在如下三个方面论述：具体层面的，传统建筑中古典美的斗拱、屋顶、柱廊的造型特征，书画、诗文与工艺结合的装修形式，以及装饰纹样、各式门窗菱格，等等。宏观层面的，"天人合一"的自然观和注重环境效应的"风水相地"思想，阴阳对立、有无互动的哲学思维和"身、心、气"合一的养生观，等等。这期中蕴含着丰富的内涵、深邃的哲理和智慧。中观层面的，庭院式布局的空间韵律，自然与建筑互补的场所感，诗情画意、充满人文精神的造园艺术，形、数、画、方位的表象

与隐喻的象征手法。当然不论是哪个层面的研究，传统对现代的价值还需要我们在新建筑的创作中去发掘，去感知。

2007年以来，这套丛书的作者们先后对位于大连市的城山山城、巍霸山城、卑沙山城附近范围的10余处古建进行了建筑测绘和研究工作，而后汇集成书。这套大连古建筑丛书主要以照片、测绘图纸、建筑画和文字为主，并辅以视频光盘，首批先介绍大连地区的10余处古建，让大家在为数不多的辽南古建筑中感受到不同的特色与韵味。

希望他们的工作能给中国的古建筑研究添砖加瓦，对中国传统建筑文化的发展有所裨益。

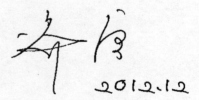

2012.12

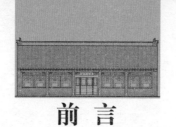

前　言

低吟浅唱，翰墨飘香。

泱泱华夏史，上下五千年，历史的记录一般由文人来完成，旧时的书院便是催生文人墨客的主要场所。

信步徜徉于横山书院中，追寻那远去的书声。这里的每一组院落、每一间房屋、每一块石碑，甚至每一片砖瓦，都深含着隽永的文化品位，是精神的自由飞翔，是一种"我以我才成栋梁，任尔东西南北风"的潇洒。

跨入书院的大门，从雅致、端肃的建筑群落中，我们能感受到儒家士人的严谨和闲适的读书生活，欣赏到他们的审美情趣和生活理想。站到百年院训的石碑前，欣赏俊秀的书法，吟咏哲理深厚的院训，思考"谓有宁有迹，谓无复存"的太极之体是如何的奥妙。那深厚而又奥妙的"道统""心传"，从远古的舜尧，至胸怀文化使命的孔孟，经一代代流传，使得横山书院把复州变成了辽南正统儒家文化在时代传递、空间传播上的重镇。

被群山环抱的永丰塔素有"辽南第一塔"之称，

远远望去，雄伟挺拔，似有直上九天揽月之势，蔚为壮观。夕阳西下时，站在塔与夕阳成一线的地方，能看到一圈瑰丽的光环，名为"永丰夕照"。

行至水穷处，坐看云起时。撑一把油纸伞，漫步在悠长寂寥的古巷，听雨打树叶的嬉闹声。拾一片落叶，夹在随身的笔记里，这一叶，就弥漫了整个秋天。

让我们徜徉在文字的海洋里，嗅着笔墨的馨香，看着百花齐放的美丽，低吟浅唱。

目 录

复州城发展历史

辽南历史文化名城——复州古城，位于瓦房店市中部复州城镇（图1）。复州城地理位置优越，四通八达，东距瓦房店市 32 公里，南距大连市区 100 公里，在铺设铁路以前，是南往金州、北去盖州的枢纽。城镇面积约 12 平方公里，人口约 5.2 万。该地夏无酷暑，冬无严寒，气候宜人。境内北部多丘陵，南部为平原，复州河与珍珠河流经此地。在群山环抱中，复州河两岸是一片土地肥沃的小平原。复州城西南的复州湾沿岸有娘娘庙、横山、长兴

图 1 复州城东城门老照片

岛等多处港口，海上交通也十分便利。

复州城从汉代开始就是辽南地区重镇，此后一直是瓦房店地区的政治、经济、文化中心，历代多在此设置行政、军事治所。辽兴宗时，曾在此设置复州怀德军，复州这个名字就是从这时开始使用的，至今已有近千年的历史。古城始建于辽兴宗时期，原系夯土所筑的土城，明永乐四年将辽时土城改建为石城，清代又改建为砖城。新中国成立后，因城池年久失修，多处坍塌，便只将西城墙留下，其余尽数拆除。1977年，因交通改造和城镇建设的原因，城门

（图2）与城墙陆续被拆毁，仅有几十米长的一小段城墙，因保护供水设施的缘故才得以留存下来。

曾经的复州城店铺林立，商旅云集，一派繁盛。商贸兴盛虽已成逝去的历史，但昔日的繁荣造就了这座历史文化名城，源远流长的历史给复州城留下许多充满文化积淀的建筑遗迹，如始建于辽代的"永丰塔"、始建于清代的"清真寺"等文物古迹。这些历尽沧桑、古迹斑驳的瑰宝，闪烁着古代文化艺术灿烂的光辉。

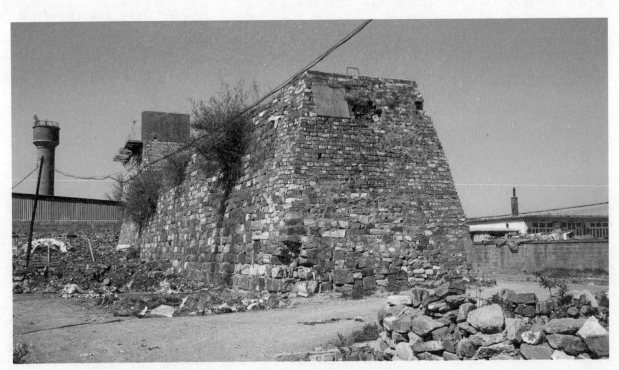

图 2 复州城东门

"灯官老爷"

复州城曾经有过一个习俗颇为奇特。不知是清代哪一任复州知州想出来的，每逢元宵节，知州大人就不管事了，把城内的社会治安等事务都交给"灯官老爷"（图3）去管。"灯官老爷"其实就是城外的乞丐头。据说，知州大人对乞丐很好，在东城门瓮城北侧，专门为他们盖了一处房舍，称为"花子房"。

每到元宵节，乞丐头摇身一变，成了"灯官老爷"。所谓"灯官"，就是管理灯火的官。元宵节要办灯会，"灯官老爷"负责巡查街上各家店铺的灯火亮不亮。乞丐头穿戴着知州大人的旧官服和旧官帽，可惜红顶子只能拿一粒山楂代替。"灯官老爷"还会坐轿，但不是真正的轿子，是一把太师椅，下边绑两根长扁担，让小乞丐们抬着走。小乞丐们穿着衙役的旧制服，扛着红黑棍，举着旗子，鸣锣开道。检查灯火是为了"罚款"，不过只是讨个彩头，并非责罚，就是逗大家一个乐儿。到最后，"罚款"还是要交的。做大生意的多出点儿，开小买卖的少拿点儿，但没有不交的。

"灯官老爷"一任三天，期间没人敢打架斗殴。真要闹起来，"灯官老爷"有权把人送到监狱里。若三天之内不放出来，就要等到下一年的元宵节才能出狱。知州大人不插手"灯官老爷"办的案子。

这个"习俗"究竟始于何时难以考证，当地人都认为确有其事。

图3 "灯官老爷"

辽南才子徐赓臣

莽莽苍苍的北国不比江南文章锦绣之地，直到晚清，大连地区才文风渐盛，涌现出才子文士，其中复州文人当首推大连地区第一位翰林——徐赓臣。徐赓臣（1824—1880年），字韵初，号东沙，出生于复州太平庄。自幼天资聪颖，才思敏捷，读书过目不忘，吟诗作对出口成章，人称神童，当地流传着他的许多传说。

徐赓臣少年读书时有一天从私塾散学回家，途经大沙河，在河边见到一个小姑娘因不敢过河而着急，他二话不说，裤腿一挽，便把少女背过河去。后来此事传到塾师先生耳中，以男女授受不亲为由对他严词训诫。徐赓臣不以为然，态度从容地随口吟诗一首：

淑女临渊叹碧流，书生化作渡人舟。

聊将素手挽纤手，恰似龙头对凤头。

一朵鲜花插玉背，十分春色满河洲。

轻轻放在沙滩上，默默无言各自羞。

先生听罢，欣然一笑，惊其才气，便不再责罚他了。

徐赓臣德才兼备远近闻名，清道光年间被荐为拔贡，朝考第一，授工部虞衡司七品京官。1853年考中进士，钦点翰林院庶吉士。他后来任过知县，做过幕僚，任内清正廉洁，有口皆碑。但他对仕途不甚热衷，目睹混沌不堪的政局、暮气沉沉的朝廷后，毅然辞官，游历中原，一路寻幽访古，凭吊古人，目睹民间疾苦，写下大量诗文。后来他回到家乡，应复州知州之聘，于横山书院执教五年，复州名士陈登瀛、李青云、张家翰、王翰芳等皆其高足。

徐赓臣博学多才，文思泉涌。一次复州城搭台唱戏，众人请他写副对联，他挥笔写就一幅绝对，联云："离宫照明几番妙舞翻红雪，瑶池凌空一曲清歌卷白云""顺天康民雍然乾坤嘉王道，治世熙务正是隆春庆诏光。"此联将咸丰前大清皇帝年号按顺序融入其中，令人叹服。

徐赓臣一生写下大量诗作，著有《韵初遗稿》、诗集《斯宜堂诗稿》，后多散佚。其后人历尽艰辛多方搜集其遗作，辑成《斯宜堂诗抄》400首。尤为值得一提的是，徐赓臣亲历两次鸦片战争，目睹鸦片荼毒国人，他本人亦曾深受其害。他很快认识到鸦片、吗啡流毒之深，遂毅然戒除，并作诗明志，写下了50多首诗，揭露了外国列强的险恶用心，痛斥烟贩的无耻行径，力陈吸食大烟的害处，奉劝染者戒毒。徐赓臣堪称中国近代写下最多劝人戒毒诗词的文人。

辽代古塔

9世纪，契丹族崛起，占据北方大部分平原地区。947年，耶律德光建立大辽国。辽代吸取中原的建筑文化，京城建筑、宫殿、庙宇、佛寺等都仿照汉族样式。都城定于上京，在今内蒙古巴林左旗林东县境内，后又陆续建设东京辽阳府（今辽阳市）、南京幽州府［开泰元年（1012年）改称析津府，今北京城西南］、西京大同府（今大同市）、中京大定府（今内蒙古宁城县）。辽代各位皇帝都崇信佛教，不但在五京城内大量建造寺塔，也在各州城建造。

辽代寺院规模不等，有的建塔，有的不建塔。在有塔的寺院内部，或将塔建在中轴线上，或大殿前面，或山门之内，完全依照唐代布局，从寺与塔并存的山西灵丘觉山寺、辽宁朝阳凤凰山云接寺、内蒙古喀喇沁左旗精严寺、河北蓟县观音寺、辽宁锦州大广济寺等，都可发现这一特点。

辽代砖塔多为密檐式，第一层塔身特别高，达4～6米，约占全塔的1/5，逼真地模仿木结构，内部多为实心，因为北方地区一年之中寒冷时间长，且多风沙，不适合登临眺望。辽塔基本形制相同，平面多为八角形，有繁复的基座。此外，辽塔也有少量楼阁式塔，如河北涿州一部分塔、西京区华严经塔、上京区庆州白塔，都是模仿唐塔的形制（图4）。

辽塔台基大多扁而平，距离地面砌出70～80厘米的高度，平直无雕刻，例如，辽宁锦西塔子沟小塔与内蒙古上京南塔。少数将台基做成很大的侧脚，如辽宁义县嘉福寺塔，有的将台基砌得宽大，比基座宽出很多。辽塔的门以券形为多，不同于唐宋塔多开方形门洞。券门内常施佛像，使之具有佛龛作用。

辽塔中比较重要的是层层都做斗拱，彻底模仿木构建筑。用砖制作的斗拱，有砍磨与烧制定型两种方式。塔身大多雕刻佛像、伞盖、飞天，以及建筑形象如塔、经幢、城楼、角楼、飞桥、城门、城墙等。

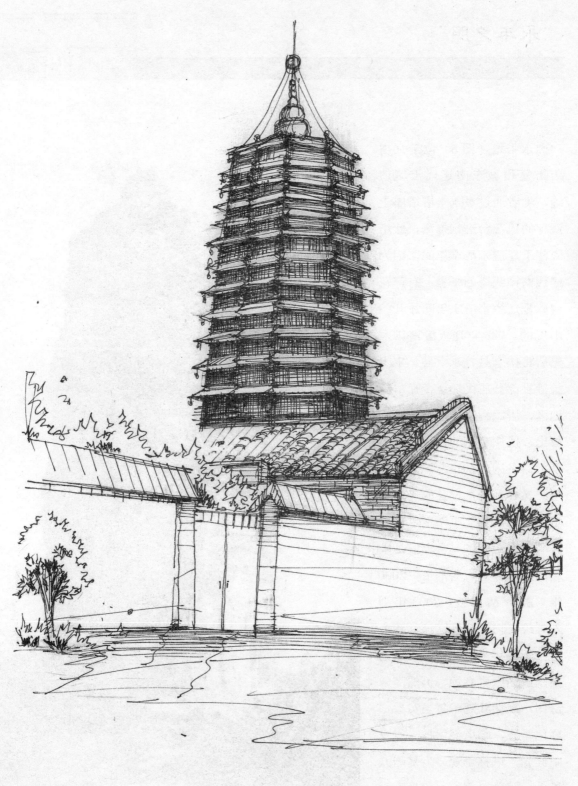

图 4 永丰塔

"永丰夕照"

永丰塔（图5）位于瓦房店市复州城东南辽代土城遗址，学者通过对永丰塔塔座上残存的莲花台进行推测，此塔应建于辽道宗清宁年间，因为辽代密檐式塔的平坐上有莲花台，是辽道宗清宁年间才开始出现的。926年辽灭渤海国，先后将扶余县、永宁县、丰水县等县部分居民迁至今瓦房店地区，居民为纪念祖籍，不忘故土，以扶余县的"扶"字将当地命名为"扶州"，后改复州；又分别取永宁县的"永"字、丰水县的"丰"字，命名塔名，称永丰塔。永丰塔是大连地区现存最古老的塔，2000年曾按原貌修复，2003年列入省级文物保护单位。

千百年来，永丰塔历尽沧桑，虽经风雨剥蚀，仍然高耸奇伟，巍然壮观。每当黄昏，暮色朦胧，唯塔巅独披一点夕阳红光，堪称奇观，为复州八景之一，称"永丰夕照"。文

图5 复州城永丰塔历史照片

人对其着墨颇多，留有不少诗文，民国时复州著名诗人张时和为此写过一首诗：

> 回峦附郭树葱茏，庄严古刹峙永丰。
>
> 城阙日斜辉为雉，门桥雨霁落双虹。
>
> 梵宫余照都成彩，佛殿灵光总是空。
>
> 最好千年古塔上，黄昏一点夕阳红。

《复州县志》记载清末邑人梁殿奎吟永丰夕照律诗一首：

> 古刹巍峨镇永丰，佛前夕照殿凌空。
>
> 六朝金碧浮屠老，一抹胭脂造化工。
>
> 薄暮四维山色紫，落晖半点塔巅红。
>
> 地临南郭依城关，月夜来游八景中。

永丰塔为八角十三层实心密檐式青砖塔，体量宏伟，原残高 21.43 米，塔身直径 8.44 米。永丰塔在悠悠岁月中历经沧桑，由于风雨剥蚀，现已严重风化破损。永丰塔由塔座、塔身、塔檐、塔顶四部分构成，塔座的两层束腰及勾栏平坐、莲花台等全部脱落，塔身皆已面目全非，十三层塔檐也全部脱落，塔顶亦无迹可寻。

2000 年，由瓦房店市文物保护单位制定了永丰塔的修复加固设计，参照了辽阳白塔的建筑样式，又修了一座新塔，新塔把古塔包在里面，简单地讲就是给永丰塔套了件新衣服。虽然这种"修旧如新"的文物保护方式存在争议，但却在很大程度上维护了塔身的安全，使之不致倒塌。

塔的造型结构

新塔为八角十三层密檐式实心塔，砖石结构，塔高28.45米，周长31.36米；其中塔基高2.2米，周长28米。全塔由塔基、塔身、塔刹三部分构成。

最下为塔基，平面呈八角形，分上下两层，底部须弥坐，带双束腰及勾栏平坐、莲花台，束腰往上为带砖制仿斗拱。

中段为两层塔身，第一层八角八面，每面各有一佛龛，每面高1.88米，宽0.93米，龛中各有佛像一尊，琢工精湛，生动传神。佛龛上方为飞天浮雕，造型飘逸，栩栩如生。塔身为砖石仿木结构。瓦当、滴水构件上雕有花草纹样。第二层有十三层密檐，檐角下挂风铃，共悬104只风铃，称作警鸟铃，每至风起，风动铃鸣，鸟惊散，塔砖得以保护。塔檐结构为自壁面逐层叠出四五层砖，再逐层叠涩出四五层砖（图6～图8）。

图6 永丰塔正面实景

最上为塔刹，由下而上分为刹座和刹身两部分。刹座为八角形须弥座，单束腰。刹身由锻铁制塔心柱及铜铸流苏、空心宝珠等组成。此外，还有八条铁链以塔心柱为起点，向下连接塔身之八条屋脊，起到了收结塔顶的作用（图9、图10）。

图 7 永丰塔局部实景之一

图 8 永丰塔局部实景之二

图 9 永丰塔局部实景之三

图 10 永丰塔局部实景之四

龙爪槐

距永丰塔不远，有一形状奇特的槐树，因其枝干遒劲，错节盘根，因此被形象地称为"龙爪槐"（图11）。据史料记载，明嘉靖初年，一法号为"慧天"的游方僧人在永丰塔暂住，带来树种并亲手栽种，距今已有400多年的历史。每当春夏之时，此树枝叶繁茂，恰似碧云凝空，遮天蔽日，又如擎天巨伞，不透雨滴，因而常作顽童避雨之所。相传此树有三个特点：一是滴水不漏，即枝叶浓密下雨不漏；二是怪枝连理，古槐中间有一条几乎与地面平行的横枝，无论从左看还是从右看，都说不清这一怪枝是从哪里横逸而出的；三是双狮接吻，往此槐东南角步行25步，回头一看，好像有双狮飞舞。龙爪槐于1988年被列为"大连市级文物保护单位"。

图 11 永丰塔前龙爪槐

书院历史

横山书院始建于清道光二十四年（1844年），最早是由复州知州张鞠人倡议地方绅士名流义捐，将原复州正红旗城守尉顾尔马浑的府邸扩建成书院房舍（图12）。因复州城东的横山是复州境内最高山峰，书院又为复州最高学府，故名"横山书院"。据记载，书院从1844～1905年的60年间，在册中取科名的有271人，其中庠生220名，贡生58名，举人10名，进士2名，翰林1名。横山书院可以说是晚清复州城教育的见证。

图12 横山书院模型

清光绪三十二年（1906年），清廷废科举，兴办新式学堂，横山书院被改为"横山学堂"。民国二年（1913年），改复州为复县，横山学堂又改为奉天省复县中师学校。新中国成立后，在横山书院旧址建立了复县第二中学。后因校舍所限，复县第二中学迁至复州城南街。横山书院遗址作为复州城的文化馆保留至今，仍基本完好地保存了原有的格局。

横山书院是大连地区最早建立的书院之一，同时也是辽南大地唯一保存下来的古代书院遗存。1997年，横山书院被列为辽宁省重点文物保护单位（图13）。图14所示的艺术作品描绘的是书院月亮角门处的景观。

图13 横山书院石碑

图14 横山书院

总体布局

受传统影响，历代书院对选址极为讲究，多依山傍水，师法自然。素有"天下四大书院"之称的白鹿洞书院、岳麓书院、嵩阳书院、应天书院（又名睢阳书院），其选址都在著名的风景区。白鹿洞书院地处庐山五老峰下，前有流水潺潺，后有松柏蔽日。岳麓书院地处湖南长沙岳麓山下，倚山而瞰湘江，尽览壮美山川。嵩阳书院则地处中岳嵩山南麓，背靠峻极峰，面对双溪河。应天书院旧址在河南商丘睢阳古城内，现址在商丘南湖风景区的湖心小岛上，环境优美。但横山书院原为清代复州城防守尉顾尔马浑的府第，周边多为深宅大院（图15、图16），其所在的西大街，从古至今都是复州城最繁华、最具地方特色的街巷。

古书院主体建筑多采用规则形中轴对称布局，这种布局充满着秩序井然的理性美，有

图 15 横山书院历史照片

图 16 横山书院院门

助于创造庄严肃穆、端庄凝重、平和宁静的空间境界。规则形布局可以细分为串联、串并联、串并列三种形式。横山书院属串联式（串联，多进院落沿着纵深轴线串联布置，是书院庭院组群的基本布局方式。中国古代四大书院中轴线上主体建筑布局都是采用这种串联式的庭院布局模式）。

横山书院总占地面积约 2516 平方米，主要以合院式布局为特点，是由若干栋建筑单体围合而成的四合院，每一院落为一"进"，若干"进"沿纵深轴线串联，称为一"路"。合院式布局在造型上、空间上都呈现出左右均等、中轴对称格局，符合传统审美观和礼制观，规整严谨却不显单调，因而被广泛应用于书院布局中。

书院由两进南北院落和东西跨院组成，整体以院落为中心而构建空间体系，以一条轴线为主导，控制空间布局，进而构建出合院的空间形式。书院最主要建筑群为南侧第一进院落，院内屋舍整体上保存较为完好，一砖一瓦皆古意盎然、雅致素朴。据说翻修时所用材料全部是从原建筑上拆下来的，最大限度地恢复了书院的原始风貌，看上去古色古香，颇得整旧如旧的古建筑修缮要义（图 17、附图 1～附图 3）。

整个院落布局严谨，建筑考究，不但有整体美感，而且局部建筑上各有特色。房屋与院落虚实结合，塑造出了整体空间的形与意，完备的居住使用功能与流畅的活动流线，都成为横山书院拥有庄严肃穆、平和宁静的空间境界的最好体现。四处弥漫的宁静中，横山书院如同一本被遗忘的百年诗集，行走其间，不经意地翻阅，古朴而优雅的格调立即征服了人们的心。

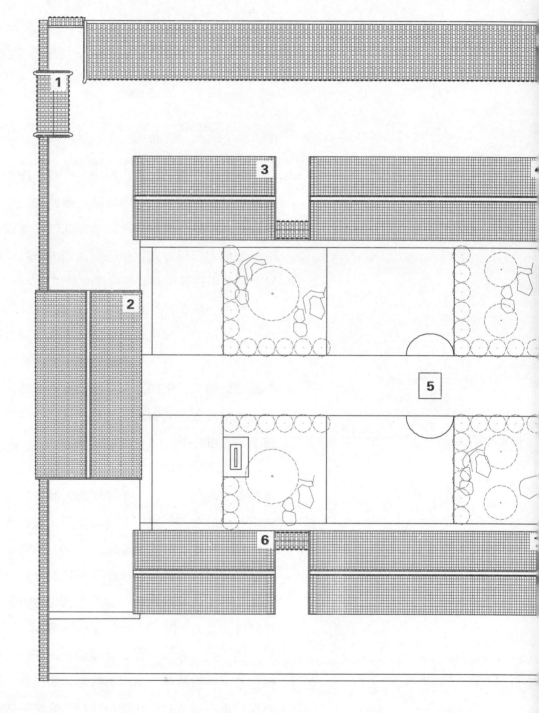

1. 角门　　　　7. 书房4
2. 院门　　　　8. "同沾雨露" 堂
3. 书房1　　　9. 书房5
4. 书房2　　　10. 书院博物馆
5. 孔子像　　　11. 书房6
6. 书房3

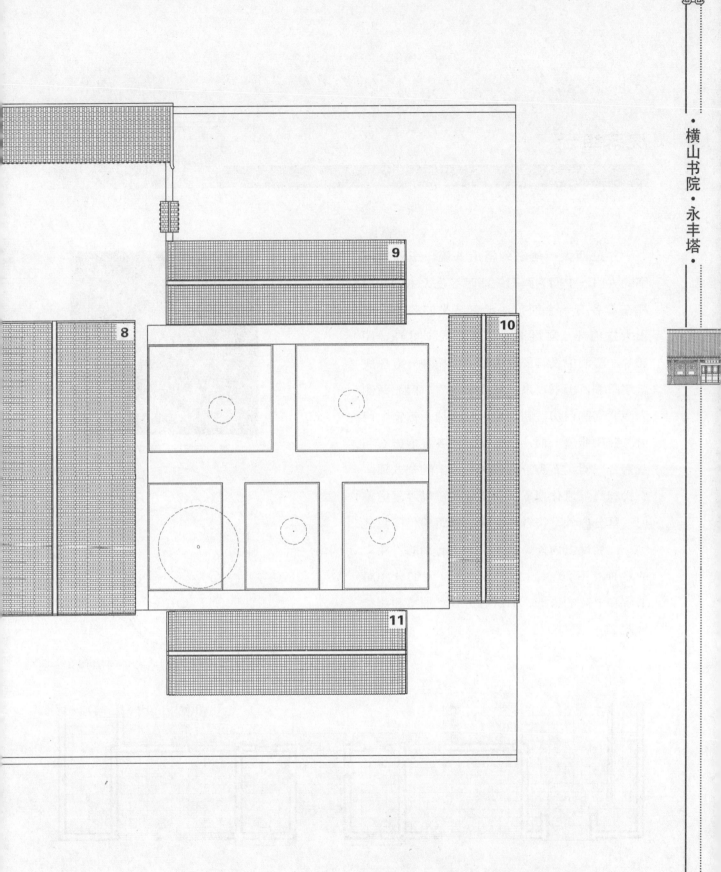

图 17 横山书院总平面测绘图

院落组合

穿过西大街便来到横山书院，三开间屋宇式大门，中间为两扇铁活暗红色大木门，门扉左右各有一个铺首，没有常见的兽首，仅设大铁门环，显得十分简洁朴素（图18、图19）。门洞中设有一根中柱，门楣悬一方黑底金字匾额，上书古隶"横山书院"。门洞两侧为南北套间门房，朝南临街设六边形锦窗。门前有砖砌照壁一面，门外东、西各置抱鼓石和石狮各一对，石狮下为须弥座，上雕刻八仙，石狮和石雕风化严重。书院建筑群以"复道重门"区分内外，符合中国传统建筑的"门堂之制"，显现出内外、上下、宾主有别的"礼"的精神（图20～图22）。此外，我们分别对书院和书院的影壁、书房等进行了拍摄和测绘（图23～图36）。

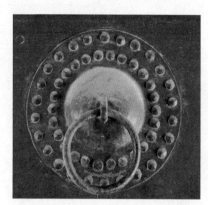

图18 横山书院院门铺首门环

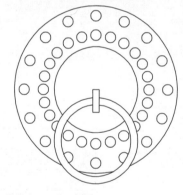

图19 横山书院院门铺首门环测绘图

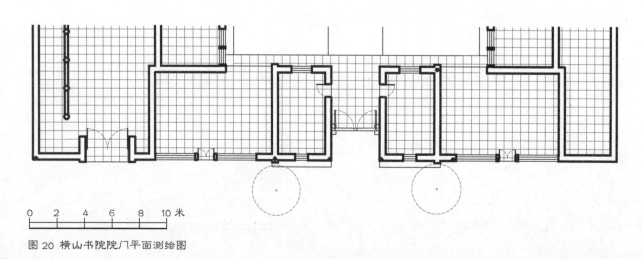

0 2 4 6 8 10 米

图20 横山书院院门平面测绘图

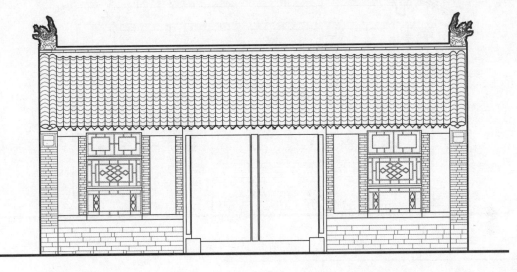

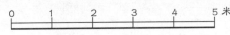

0　1　2　3　4　5 米

图 21 横山书院院门北立面测绘图

图 22 横山书院院门

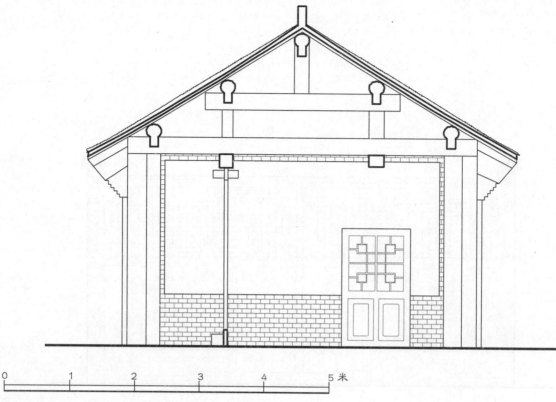

0   1   2   3   4   5 米

图 23 横山书院院门剖立面测绘图

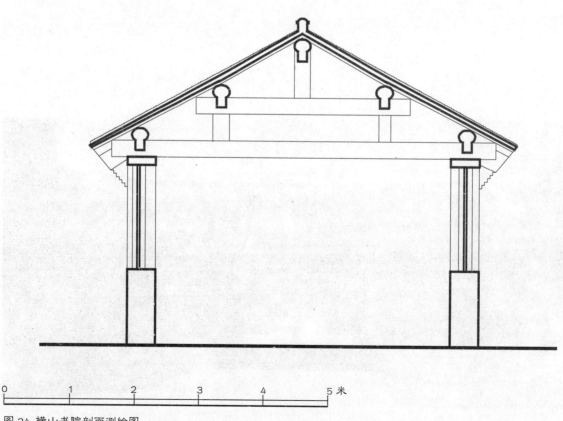

0   1   2   3   4   5 米

图 24 横山书院剖面测绘图

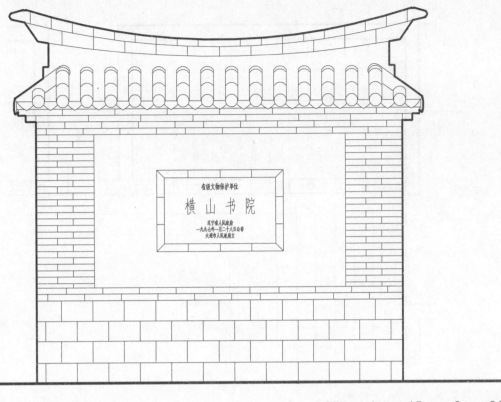

省级文物保护单位
横山书院
辽宁省人民政府
一九九七年一月二十八日公布
大洼市人民政府立

0   0.5   1   1.5   2   2.5 米

图 25 横山书院影壁测绘图

图 26 横山书院影壁

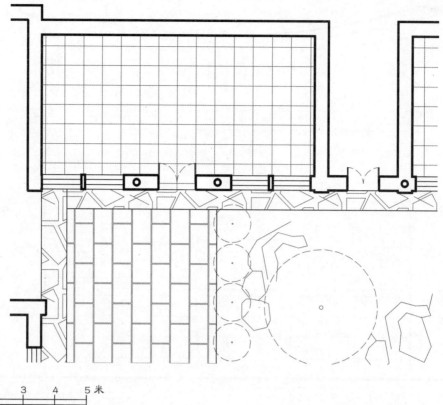

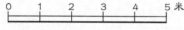

图 27 横山书院书房 1 平面测绘图

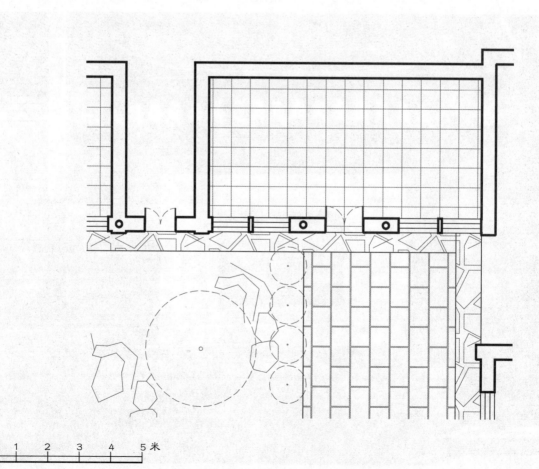

图 28 横山书院书房 3 平面测绘图

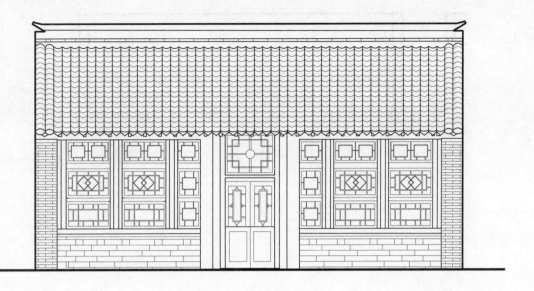

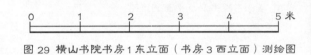

0　1　2　3　4　5 米

图 29　横山书院书房 1 东立面（书房 3 西立面）测绘图

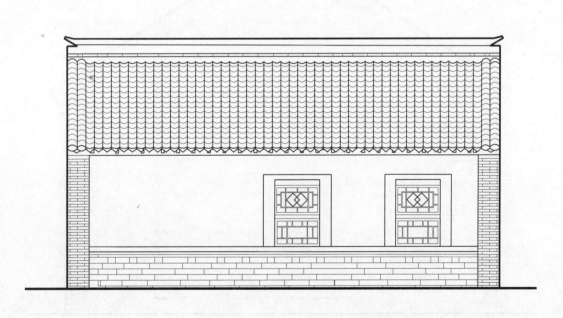

0　1　2　3　4　5 米

图 30　横山书院书房 1 西立面（书房 3 东立面）测绘图

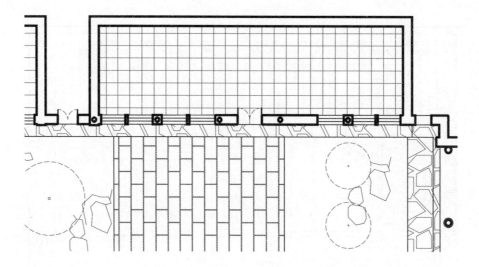

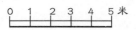

0 1 2 3 4 5 米

图 31 横山书院书房 2 平面测绘图

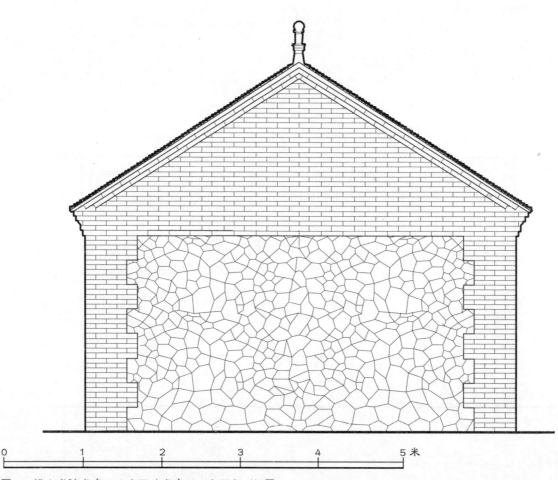

0 1 2 3 4 5 米

图 32 横山书院书房 2 北立面（书房 4 北立面）测绘图

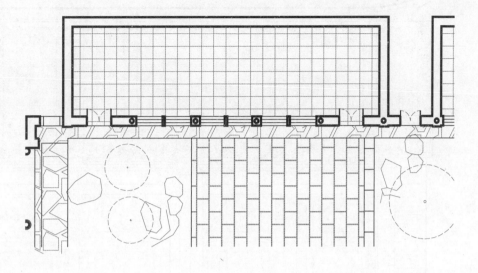

0　1　2　3　4　5米

图33 横山书院书房4平面测绘图

图34 横山书院书房2

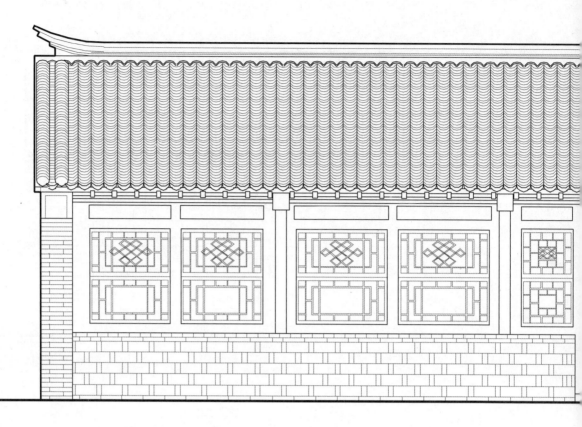

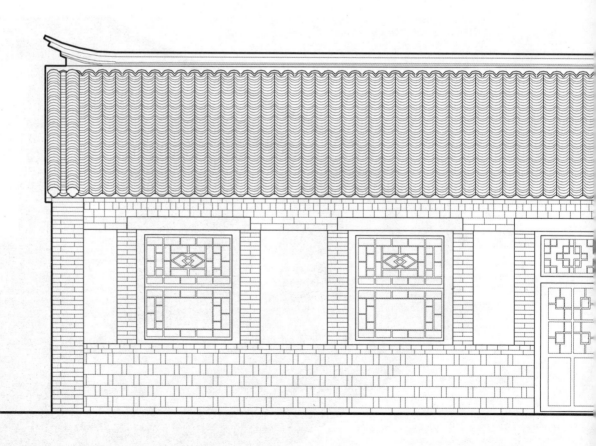

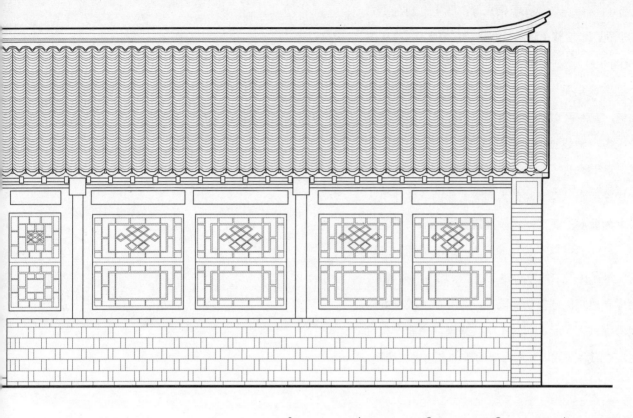

图 35　横山书院房东 2 立面（书房 4 西立面）测绘图

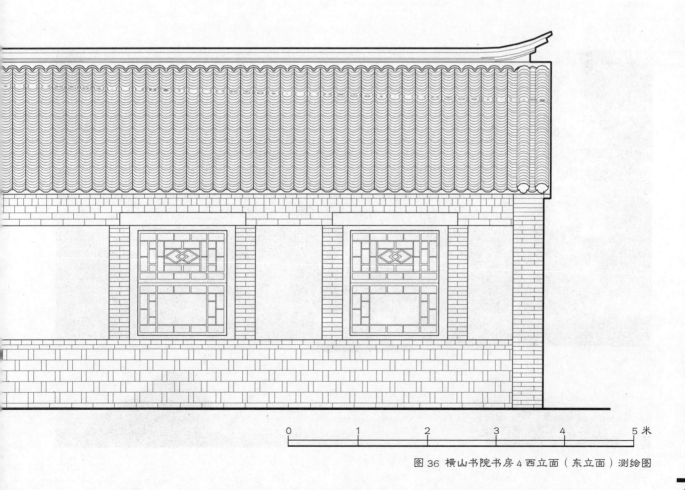

图 36　横山书院书房 4 西立面（东立面）测绘图

书院院中有一尊孔子铜立像,底座上刻有"先师孔子"四字,使整个院落更添正统儒家文化气息(图37～图40)。

进入大门是一条笔直的石铺甬道,甬道两侧栽有柏树,左右两边对称设置书房、耳房,尽头处是位于院内中轴线正中的横山书院主讲堂——"同霑雨露"堂(图41～图46),青瓦硬山顶,五开间,南北均设檐廊,是书院最为高大宏伟的单体建筑。主讲堂为前后檐廊式,这种建筑类型表示主讲堂前后设门,人们可以穿堂而过,从一进院落到达二进院落。本套丛书中的寺庙建筑,主殿均为前檐廊式,因为寺庙建筑的建筑功能限制,需要在主殿正方向设置佛像供人参拜,而对于书院来说,功能上相对自由,故四合院式以轴线布局的建造方式更加鲜明。

图37 横山书院"同霑雨露"堂前先师孔子像

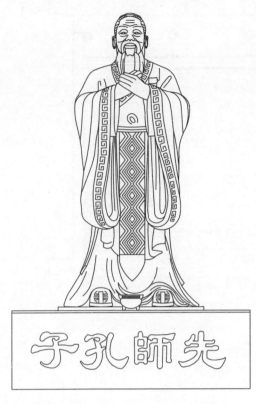

图 38 横山书院先师孔子像正立面测绘图

图 39 横山书院先师孔子像侧立面测绘图

图 40 横山书院先师孔子像

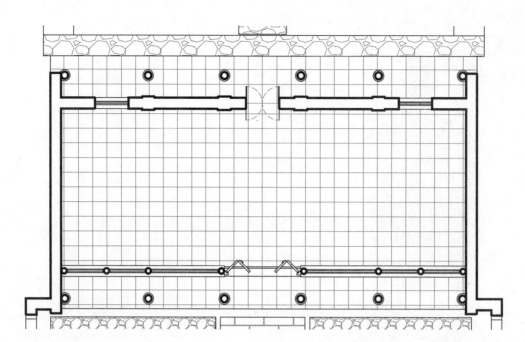

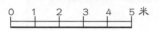

图 41 横山书院"同沾雨露"堂平面测绘图

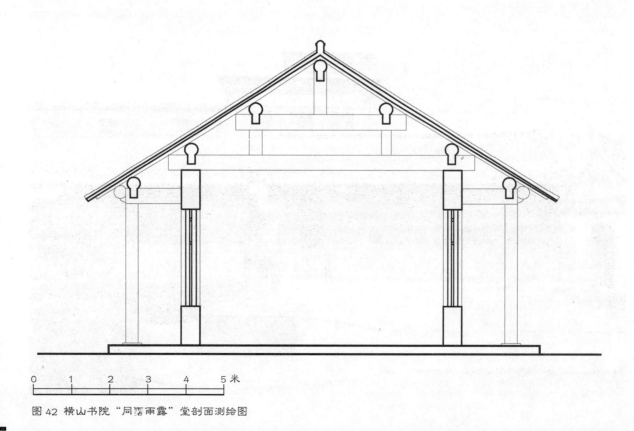

图 42 横山书院"同沾雨露"堂剖面测绘图

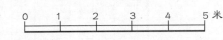

图 43 横山书院"同沾雨露"堂西立面测绘图

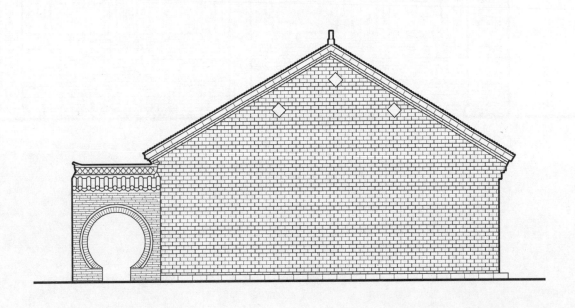

图 44 横山书院"同沾雨露"堂东立面测绘图

学勤蛾衍光陰不覺歲轉移

同堂二三載共欣聚首契芝蘭

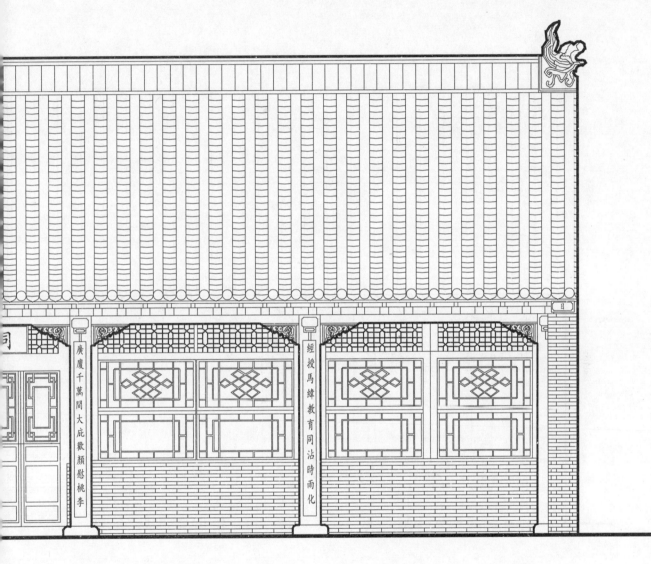

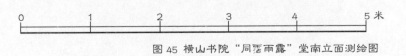

图 45 横山书院"同沾雨露"堂南立面测绘图

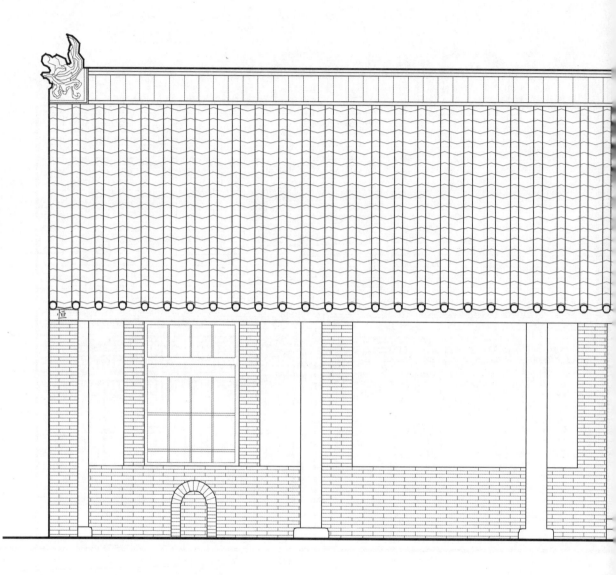

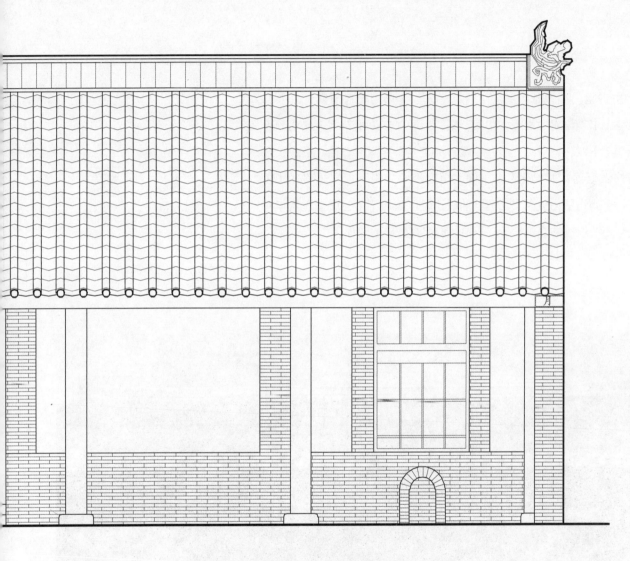

0   1   2   3   4   5 米

图 46 横山书院"同沾雨露"堂北立面测绘图

主讲堂门楣上悬黑底金字匾额一方，上书"同霑雨露"。中部四檐柱上书劝学对联两幅。中间一幅，上联"广厦千万间大庇欢颜蔚桃李"，下联"同堂二三载共欣聚首契芝兰"。两侧一幅，上联"经授马帏教育同沾时雨化"，下联"学勤娥术光阴不觉岁星移"（图47）。看到这些由俊秀书法写就的联语时，我们不禁会联想起当年在这里寒窗苦读过的莘莘学子，不知他们都有怎样的前程。

图 47 横山书院"同霑雨露"堂正面实景

　　穿过主讲堂进入二进院落。二进院落中有一座碑廊，陈列着记录各个历史时期复州城每一次修缮经过的石碑，真实地反映出复州历史的沿革变迁，具有很高的文化价值。

　　横山书院主讲堂与厢房之间各设有一个月亮角门（图48）。月亮门是大型宅院中在院墙上开设的圆弧形洞门，因形如圆月而得名，既作为院与院之间的出入通道，又可透过门洞引入另一侧的景观，兼具实用性与装饰性。书院的月亮角门由青砖砌成，门洞之上有筒瓦门檐，上面还有筒瓦金钱纹瓦饰，造型简单又不失细节。以书房5和博物馆（图49～图53）为例，院中的墙、廊、门使院落出现了隔透有致的空间感受，意外地让单调死板的四合院出现了点点的趣味色彩。

图48 横山书院角门

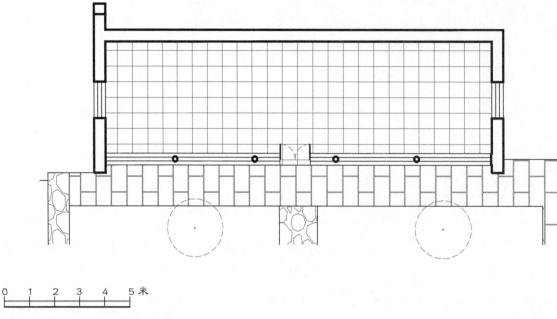

0　1　2　3　4　5 米

图 49　横山书院书房 5 平面测绘图

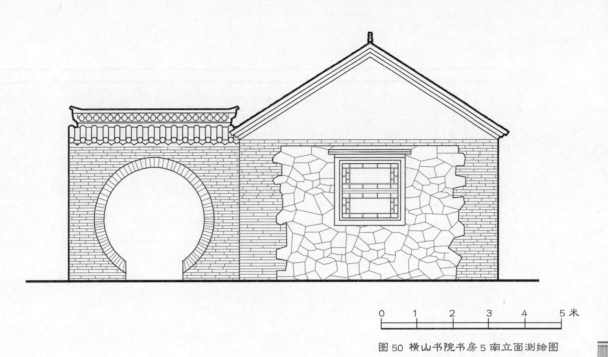

0　　1　　2　　3　　4　　5 米

图 50　横山书院书房 5 南立面测绘图

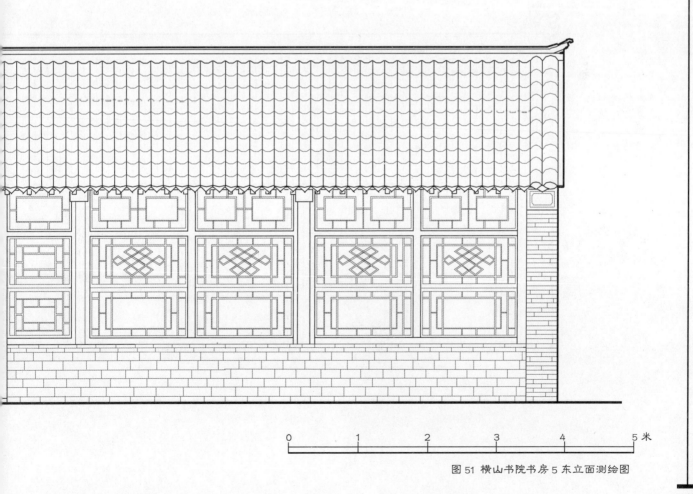

0　　1　　2　　3　　4　　5 米

图 51　横山书院书房 5 东立面测绘图

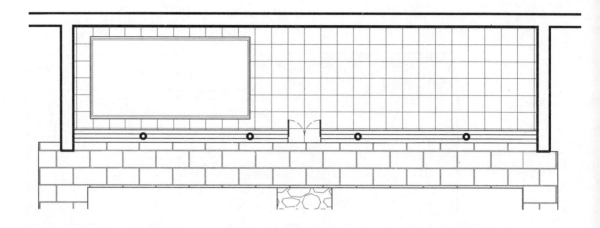

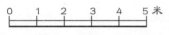

图 52 横山书院书院博物馆平面测绘图

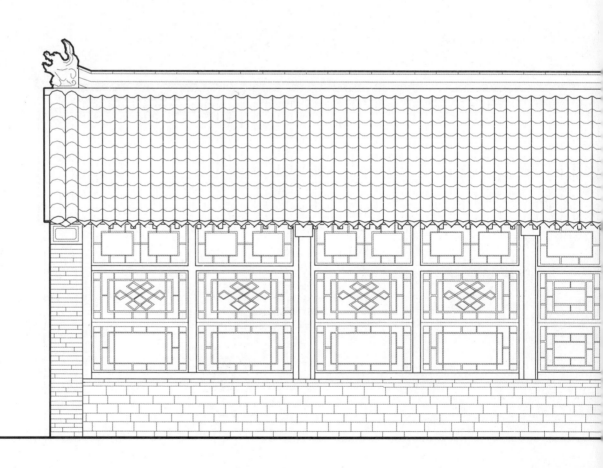

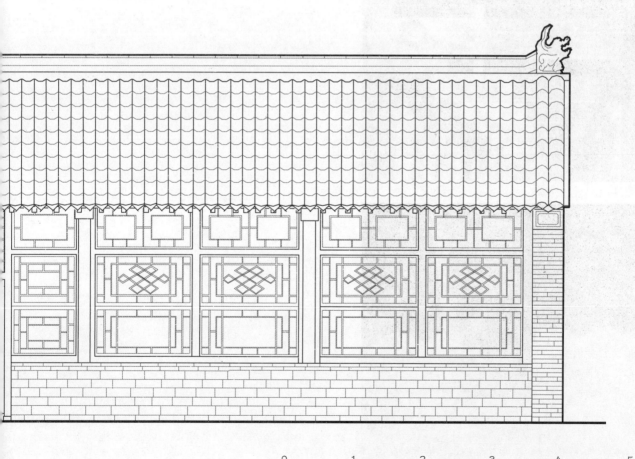

图 53 横山书院书院博物馆南立面测绘图

0　　　1　　　2　　　3　　　4　　　5 米

碑廊檐内的枋上绘有大量彩绘，碑廊檐内的梁枋上绘有彩画，底色为以绿为主，枋心为博古图，多为琴、鼓、瓷和梅、兰、菊、荷等象征高贵品格的花草图画。博古图有博古通今、崇尚儒雅之寓意，常用于书香门第或官宦人家的宅第装饰（图54）。

横山书院的单体营造特点以书院主讲堂为代表，虽等级不高，但每一处均能体现出它那分特有的凝重和古朴。主讲堂房屋未设高台式基座，正立面的廊柱下设素覆盆柱础（图55）。柱础是柱子下面所安放的基石，用以承受屋柱压力，还能使柱子不受潮湿而腐烂。柱础虽小，但却是中国传统建筑不可或缺的部分。

横山书院各屋舍门窗大多有雕饰，图案质朴，做工精细，恰到好处地点缀在构件的某些部位上，在整体结构中起到了画龙点睛的作用。主讲堂明间装有四扇隔扇门，以小木条拼成"井"字样式棂花。两侧各有四扇半窗，棂花为"井"字盘长纹和龟背锦。"井"字形棂花图案规整简洁，同时又寓意防火。盘长，本是佛门八宝之一，传入中土后广泛用于各种装饰上，象征吉祥长久。龟背锦是乌龟背壳的象形图案，在我国传统文化中，龟与龙、凤、麒麟合称"四灵"，象征健康长寿、平安富贵（图56～图62）。

图 54 横山书院碑廊梁枋彩绘

图 55 横山书院柱础

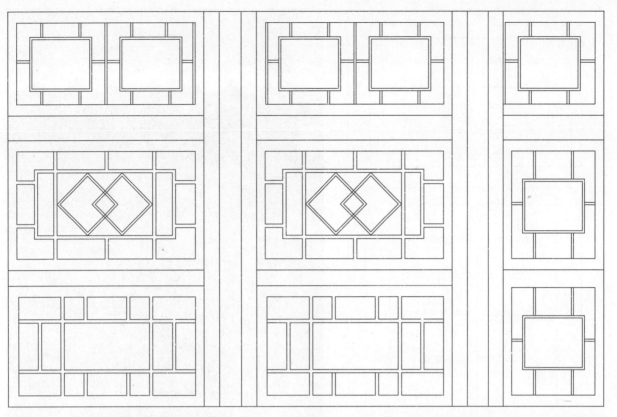

图 56 横山书院书房 1、书房 3 窗测绘图

图 57 横山书院书房 1、书房 3 窗

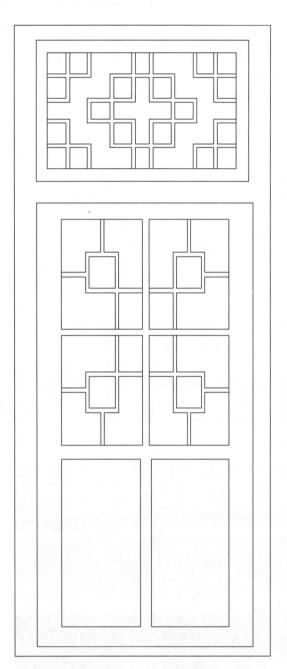

图 58 横山书院书房 2、书房 4 门测绘图　　　图 59 横山书院书房 2、书房 4 门

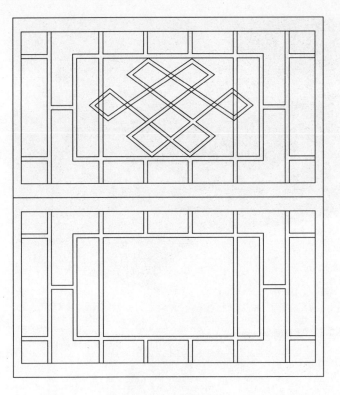

图 60 横山书院书房 2、书房 4 窗测绘图之一

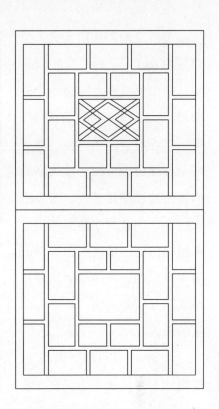

图 61 横山书院书房 2、书房 4 窗测绘图之二

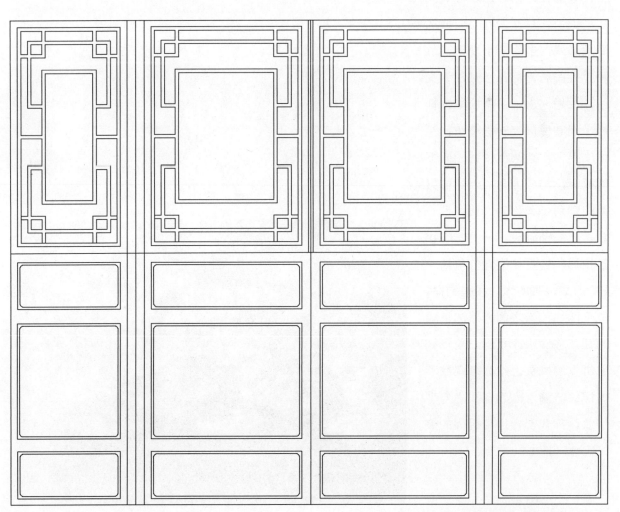

图 62 横山书院"同露雨露"堂门测绘图

主讲堂内采用抬梁式木结构（图63）。

横山书院内各房舍均为硬山顶，这是一种两面坡的屋顶，有一条正脊、四条垂脊，前后两个屋面皆为坡面。横山书院的屋面起翘变化不大，所以给人庄重、严肃和宁静的感受。房屋的两侧山墙同屋面齐平或略高出屋面。硬山顶建筑等级最低，多用于民居，是常见的屋顶形式。

主讲堂屋面为小青瓦做成的仰合瓦屋面。小青瓦在北方叫阴阳瓦，瓦片呈半弧形，也称蝴蝶瓦。仰合瓦又称哭笑瓦，指由瓦片仰俯互叠而成的屋顶形式，多用于小规模建筑和北方民居。仰瓦两侧称为瓦翅，瓦翅向上铺在屋顶称为仰瓦，因其像微笑时的嘴角，又称"笑瓦"。其上覆瓦翅向下的板瓦，构成合瓦，因其像哭脸的嘴角，又称为"哭瓦"。合瓦屋面铺砌时，一上一下相互扣拢，远看如同青色鱼鳞一样，形成很强的纵向瓦垄韵律。位于两块瓦当之间、瓦沟下端的瓦，称滴水，呈倒三角形。主讲堂的檐头上绘有蝴蝶纹和蝙蝠纹，滴水上为金钱"寿"字纹，都代表吉祥与祈福的美好寓意（图64～图67）。

图 63 横山书院抬梁式梁架

图 64 横山书院檐口瓦当滴水实景

图 65 横山书院檐口瓦当滴水测绘图之一

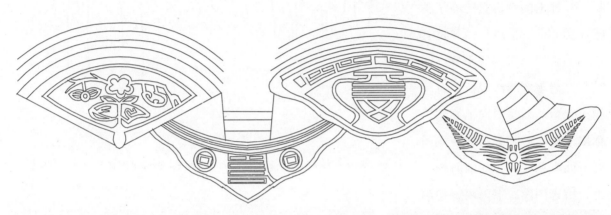

图 66 横山书院檐口瓦当滴水测绘图之二

图 67 横山书院讲堂屋顶

横山书院的建筑形制较低，故主讲堂的正脊两端用望兽，垂脊上无仙人走兽。和吻兽朝内吞脊不同，望兽张口向外望。望兽的等级低于吻兽，常用于城楼、铺房、书院、学宫，例如北京国子监正脊上均用望兽。书院主讲堂上的望兽头部似龙，昂然张口，尾巴上翘，长须飘卷，造型简洁生动，为朴素的主讲堂增添了美感（图68～图74）。书院其余各房舍屋顶皆为清水脊（图75），清水脊等级较低，其两侧无脊兽，而是斜向上翘起，称蝎子尾，或朝天笏，在蝎子尾下面有花砖，一般雕有松、竹、梅等图案。书院内每排厢房硬山墙上端的"墀头"上皆雕有文字，例如"恒""翰""昇"等，寓意寒窗苦读当有恒心，方可升堂睹奥，以期点中翰林。横山书院内各屋舍处处反映出中国古代教育机构的稳重古朴，均匀适宜。

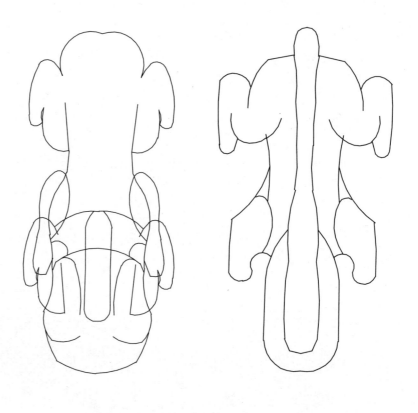

图 68 横山书院檐脊兽平面测绘图之一　图 69 横山书院檐脊兽平面测绘图之二

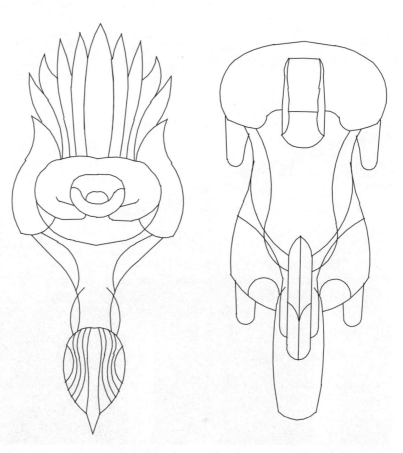

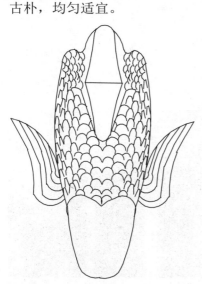

图 70 横山书院檐脊兽平面测绘图之三　图 71 横山书院檐脊兽平面测绘图之四　图 72 横山书院檐脊兽平面测绘图之五

图 73 横山书院院门檐吻兽测绘图

图 74 横山书院院门檐吻兽

图 75 横山书院厢房清水脊实景

　　椽子是屋面基层的最底层构件，垂直安放在檩木之上。望板是平铺在椽子上的木板，以承托屋面的苫背和瓦件，分为顺望板和横望板。横山书院内建筑的椽子和望板没有彩绘图案，皆漆为暗褐色，与书院灰墙青瓦的朴素色调非常契合（图76）。

图76 横山书院主讲堂外檐廊椽子、望板实景

檐下柱间一般设有额枋跟雀替。不同于宫殿或庙宇建筑大殿上色彩绚丽、镂雕繁复的雀替，横山书院主讲堂上的雀替比较小巧，仅刻有水草纹和游龙纹，线条简洁流畅，不施彩漆，和柱枋的颜色一样均为暗红色，轻盈的造型，素雅的色调暗合书院所独有的清雅人文气息，给人一种庄重肃穆之感，显出更多的岁月沧桑，别有一番韵致（图77～图80）。看着这些古旧素雅的房舍，仿佛回到100多年前，窗内徐赓臣正在讲坛上讲解精深的"义理"和"心性"，复州弟子们正环坐静静聆听，那该是怎样一幅充满人文气息的画面啊！

图 77 横山书院衙门雀替实景

图 78 横山书院衙门雀替实景

图 79 横山书院主殿叠花式雀替测绘图

图 80 横山书院大门垂花式雀替测绘图

艺术价值

永丰塔是一座典型的辽塔。辽塔的建筑特点可以用九个字"八角十三层、实心密檐"概括。辽朝灭亡后，后继的金朝对辽国建筑大肆破坏，这也是辽代古迹稀缺难觅的主要原因。复州能保留一座辽代古塔十分难得。永丰塔虽已残破不堪，但通过外面新塔的保护，可以较好地保存下去。永丰塔的建筑结构和风格反映了辽代的建筑水平，为我们研究辽代建筑及其宗教提供了珍贵资料。

似水流年的光阴将这座大连地区唯一幸存的古塔保留了下来，在褪去它昔日光华的同时，也给后人留下了蒙尘的瑰宝。积淀着岁月沧桑的古塔，就像一个生动的故事，等待着人们细细品读。

横山书院总体建筑形态朴实而不失细腻，变化而不失统一，严肃而不失活泼。因原为府邸大宅，后改建为书院，故整个建筑群既有住宅的亲切宜人，又有书院特有的庄重、严肃和宁静。在建筑风格上有以下三个特征：

一是横山书院总体建筑做到了审美价值与伦理价值的统一，即植根于深厚的传统文化，表现出鲜明的人文主义精神。建筑艺术的一切构成因素，如尺度、节奏、构图、形式、性格、风格等，都是从那个时代人的审美心理出发，普遍为人所能欣赏和理解的。建筑形式朴实无华，装饰和色彩清新淡雅，没有过于华丽、繁复装饰、怪异诡谲、不可理解的形象。

二是总体性、综合性很强。横山书院所有建筑几乎都是动员了当时可能构成建筑技术与艺术的各种因素和手法综合而成的一个整体形象，从总体环境到单体建筑，从外部序列到内部空间，每一个部分都是不可替代的，抽掉了其中任意一项，都损害了整体效果。

三是横山书院能够因地制宜地选择木材等有机材料作为结构主材，采用技术成熟度最高的结构体系——抬梁式构造。建筑采用的硬山屋顶不可小觑，简单的硬山屋顶也需要复杂结构和大量构件，大大增加了屋顶乃至整个构架的整体性；较大的瓦屋顶以其自重压在柱网上，也提高了构架的稳定性。

这座百年庭院昔日的光彩，终究经受不住风雨的侵蚀，现存屋舍多已破损，唯一所幸的是这些破损并没有太多人为的遗憾。如今人们叩响锈迹斑斑的老门环，徜徉在这岁月斑驳的庭院，推开一扇扇吱呀作响的陈年木门，走进饱经风霜的屋舍，仿佛在沧桑的历史中游动，那墙，那屋，那院落，带给人们的是如歌岁月的回味。风吹雨淋，日晒霜打，老房子旧梦犹存。横山书院就像一位老人，静默于此，让人们不由得深深感叹，一百多年的历史真不过是"弹指一挥间"。虽然没有红灯高悬、彩旗猎猎、雕梁画栋，但正是地地道道的人文气质，才最真切地展示了它独特的魅力（图81）。

图 81 横山书院庭院一角

参考文献

[1] 大连百科全书编纂委员会 . 大连百科全书［M］. 北京：中国大百科全书出版社，1999.

[2] 李允鉌 . 华夏意匠［M］. 天津：天津大学出版社，2005.

[3] 赵广超 . 不只中国木建筑［M］. 北京：生活·读书·新知三联书店，2006.

[4] 大连通史编纂委员会 . 大连通史——古代卷［M］. 北京：人民出版社，2007.

[5] 陆元鼎 . 中国民居研究五十年［J］. 建筑学报，2007（11）.

[6] 中国民族建筑研究会 . 中国民族建筑研究［M］. 北京：中国建筑工业出版社，2008.

[7] 孙激扬，杲树 . 普兰店史话［M］. 大连：大连海事大学出版社，2008.

[8] 李振远 . 大连文化解读［M］. 大连：大连出版社，2009.

[9] 大连市文化广播影视局 . 大连文物要览［M］. 大连：大连出版社，2009.

历史照片

取自《大连老建筑——凝固的记忆》

CAD 测绘

大连理工大学建筑系 06 级队

大连理工大学建筑系 07 级队

大连理工大学建筑系 09 级队

大连理工大学建筑系 10 级队

大连理工大学建筑系 11 级队

大连理工大学建筑系 12 级队

大连理工大学建筑系 13 级队

影像资料采集

大连风云建筑设计有限公司
大连兰亭聚文化传媒有限公司

横山书院·永丰塔·

后 记

　　在大家的共同的努力下，在众多有识之士的帮助与支持下，这套介绍大连古建筑的丛书终于出版了，需要感谢的人太多了！

　　我们要感谢齐康院士对本丛书提出的宝贵意见，并为本丛书欣然命笔写了序。我们要感谢普兰店市文体局张福君局长，连续几年的调研、测绘工作是在张局长帮助与支持下完成的。我们要感谢大连理工大学建筑与艺术学院建筑系06～13级的同学们，每当夏天就是我们共同在测绘现场的日子。我们要感谢兰亭聚文化传媒有限公司的陈煜董事长及其团队，他们无冬历夏反复的、精益求精的拍摄让我们感受到了专业团队的敬业精神。正是有这么多人，他们怀着对古建筑和传统文化探索的热情，有的默默工作，有的奔走呼号。他们的言行鞭策着我们，他们的言行更是我们的动力。

　　在大连这座曾经的殖民地城市做中国古建筑调研工作的选题其实是要点勇气的。其次，对这样一批分布较散的建筑进行调研、测绘等工作，其工作量之大我们也是预先估计不足的，有一些工作现场先后去了不下五六次。再者，参与策划、调研、咨询、测绘和摄影摄像等工作的人员众多，工作周期很长，需要克服的如时间、经费及工作环境与条件等因素也较多。个中的艰辛和劳心劳力就不必细说了，任务完成之余大家感慨万千，商量许久，共同留下了一些感想：

　　通过参与这几年对大连的这批古建筑的调研工作，具体的感触是让我们觉得古建筑的保护仍然是个十分严峻的课题。这10余处古建筑大多为省保单位，只有一两处为市保单位，甚至还有一处为国保单位。它们无论从保护的制度到措施一应俱全，因此还算基本保存完好，但也存在一些问题。然而调研的有些古建筑也是保护单位，并且本身也具备一些历史价值，但从保护的角度看却显得不如人意，故无法将其收录。有些古建筑已经无法无破坏性修缮，有的古建筑的原状已经被歪曲篡改，其艺术价值和工艺价值都大大降低。有些古建筑单位在修缮中任意扩大规模，甚至过度开发旅游，加建太多破坏了环境。有些在修缮中夸大古建筑原有的等级，建筑装饰与彩绘失去规制，建筑风格南辕北辙。我们调研的大多数修缮过的古建筑，基本上不采用传统工艺。只有真正达到保存原来的传统工艺技术，还需要保存其形制、结构与材料，才能达到保存古建筑的原状。修缮文物古建筑的基本原则是要用原有的技术、原有的工艺、原有的材料，这也是搞好文物古建筑修缮的根本保证。《中国文物古迹保护准则》第二十二条也规定："按照保护要求使用保护技术。独特的传统工艺技术必须保留。所有的新材料和新工艺都必须经过前期试验和研究，证明是有效的，对文物古迹是无害的，才可以使用。"在传统工艺方面我们做得太不够了。

我们还体会到，决不能抛弃民族传统，割断历史，因为中国古建筑与传统城市的艺术、功能和形式是经过了几千年的历史发展逐步形成的。对我国独特的传统文化的追求和继承，不应仅仅停留在形式剪辑的层面上，而应追求内涵和精神方面更深层面的表现，将现代要求、现代方法与传统的文化形态很好地结合起来，做到灵活运用，并抓住中国传统城市与古建筑文化的本质内涵。

并且我们理应肩负起中国传统建筑文化的现代化使命，去面对当今建筑文化全球化趋势的挑战。这就要求我们认识中国传统建筑文化的本质内涵，从哲学的深度来研究传统文化的起源、变化和发展，要求我们对传统文化的精髓有比较深刻的理解，认真从传统城市与古建筑的演变过程中，探索出继承、创新及发展的新思路。

胡文荟

2015 年 4 月